DISSERTATION

SUR

LES INCONVÉNIENTS ET LES DANGERS DE LA SUBSTITUTION

DU TEMPS MOYEN

AU TEMPS VRAI SOLAIRE.

SE VEND A ROUEN,

AU PROFIT DE L'ÉGLISE DE SAINT-ROMAIN,

CHEZ
L'AUTEUR, rue du Champ-des-Oiseaux, nº. 17;
FLEURY, Libraire, rue de l'Hôpital, nº 34;
Mme. veuve RENAULT, Libraire, rue Ganterie, nº. 26.

Dissertation

SUR

LES INCONVÉNIENTS ET LES DANGERS DE LA SUBSTITUTION

DU TEMPS MOYEN

AU TEMPS VRAI SOLAIRE

POUR LES USAGES CIVILS,

AVEC DES NOTES INSTRUCTIVES SUR LE ZODIAQUE, SES SIGNES ET SON ORIGINE, ET SUR L'ÉCLIPTIQUE ET SON UTILITÉ :

PAR M. CREVEL,

DESSERVANT LA SUCCURSALE DE SAINT-ROMAIN.

Fecitque Deus duo luminaria magna : luminare majus, ut præesset diei ;
et luminare minus, ut præesset nocti ; et stellas....., ut
dividant diem ac noctem, et sint in signa
et tempora, et dies et annos.

GEN., *cap.* I.

ROUEN,

F. BAUDRY, IMPRIMEUR DU ROI,

RUE DES CARMES, N°. 20.

1828.

Cette Dissertation est pour servir de réponse à une Lettre insérée dans le Journal de Rouen, *du mois de Novembre* 1826, *par M. D***., adressée à M. le Marquis* DE MARTAINVILLE, *Maire de Rouen, et à un Discours du même auteur, prononcé à l'Académie, sur la prétendue nécessité d'opérer cette substitution pour accorder entr'elles les Horloges publiques de la ville de Rouen. Elle a pour but de faire disparaître les impressions et les idées fausses qu'auraient produites dans le public ces deux imprimés, et de prouver aux personnes qui m'ont honoré de leur confiance, en souscrivant pour faire placer à l'église de Saint-Romain un régulateur à temps vrai, nommé par l'auteur* Méridien à style mobile, *que j'ai rempli mes engagements.*

DISSERTATION

SUR

LES INCONVÉNIENTS ET LES DANGERS DE LA SUBSTITUTION

DU TEMPS MOYEN

AU TEMPS VRAI SOLAIRE

POUR LES USAGES CIVILS.

Lorsque, dans le dessein de me rendre utile à mes concitoyens, j'ai entrepris de leur fournir les moyens de régler leurs opérations par une *division exacte et précise du temps*, j'étais loin de prévoir que j'aurais à combattre les préjugés de plusieurs personnes qui appartiennent à des sociétés savantes.

Je vais essayer de les détromper, aussi bien que ceux qu'elles ont attirés à leur opinion par des raisonnements qui, pour être spécieux, n'en sont pas moins opposés à la vérité, à l'autorité des savants et à l'expérience. J'ose espérer un succès complet de la discussion claire et simple que je soumets à un public impartial.

La paroisse de Saint-Romain s'étend très-loin, et souvent les paroissiens sont privés des moyens de connaître l'heure du jour : ce qui leur importe beaucoup de savoir pour régler leurs occupations et pour se rendre à l'office divin. Ils ont demandé instamment que l'administration de la fabrique leur accordât une horloge ; leur demande a été accueillie sans aucune opposition. Mais la discordance continuelle des horloges de la ville me détermina à demander à l'administration qu'à l'horloge qu'elle se proposait d'établir on appliquât des rouages d'équation qui lui fissent suivre le soleil en tout temps de l'année, d'une manière assez sûre et assez précise pour que l'on pût se régler dessus invariablement ; en un mot, un régulateur le plus parfait possible pour ceux qui voudraient en user : ce qui fut accordé (1). Mais une semblable horloge ne pouvait s'établir qu'à un prix qui surpasse de beaucoup les revenus de notre église, et comme elle sera d'une utilité *publique*, j'ai ouvert une souscription que MM. les chefs de nos administrations, etc., ont bien voulu encourager en permettant que leurs noms fussent portés en tête de la liste des souscripteurs. Tout le monde sait que pour conduire un tel ouvrage à sa perfection il ne faut pas être gêné par le manque de moyens pécuniaires.

Depuis plusieurs années je projetais cette entreprise et j'attendais les moyens de l'exécuter. Je n'ai point agi à la légère, j'ai voulu avant tout m'assurer de son utilité. Pour y parvenir, je me suis adressé à un de nos artistes que j'ai cru bien capable, sans doute, de me conseiller dans cette affaire ; sa réputation méritée, et le titre de membre de l'académie royale des sciences, belles-lettres et arts de

---

(1) J'ai fait placer une ligne méridienne perpendiculaire qui traverse le cadran, avec addition d'un gnomon qui servira au besoin.

Voyez la planche, fig. 1re.

Rouen, justifiaient pleinement ma confiance. Voici la réponse qu'il fit à ma consultation :

« J'ai souvent exprimé le désir qu'il y eût à Rouen au moins une horloge publique qui d'elle-même indiquât et sonnât l'heure vraie, parce qu'alors elle servirait à mettre les autres d'accord avec elle. Les avantages résultant de cette unité dans la division du temps, sont trop faciles à apprécier pour avoir besoin d'en faire l'énumération. Je pense que s'il n'existe qu'un si petit nombre d'horloges marquant le temps vrai, ce doit être plutôt par défaut de connaissances de ceux qui les exécutent, que par économie, les frais que nécessite cet effet étant peu considérables.

» Je termine en conseillant à MM. les curé et administrateurs de Saint-Romain de faire construire une horloge de manière qu'elle ait un bon échappement et un puissant régulateur, d'exiger qu'elle marque et sonne le temps vrai par l'alongement ou le raccourcissement du pendule, suivant le moyen indiqué par le père Alexandre, comme étant le moins dispendieux ; et, si la position le permet, de faire placer une contre-verge pour neutraliser les causes de variation provenant du changement de température.

» *Rouen*, *le* 28 *Juillet* 1825.

» Destigny. »

Je ne puis ni ne dois oublier qu'il porta la complaisance jusqu'à m'indiquer l'artiste qu'il croyait un des plus habiles de Paris dans ce genre d'ouvrage, et bien capable de conduire cette horloge à la plus grande perfection ; il m'a procuré le rapport de l'Institut sur celle que le même artiste avait exposée, et qui lui avait valu une médaille d'argent (1) ;

(1) M. Wagner, mécanicien-horloger du Roi, à Paris.

il lui a écrit plusieurs fois pour l'inviter à venir; il l'a conduit chez moi, l'a accompagné à la place où l'horloge doit être placée, et a dit son avis. En conséquence la souscription volontaire est ouverte, et l'obligation d'en remplir les conditions est contractée.

Le marché a été fait à Paris le 31 Septembre 1826. L'académie royale des sciences, belles-lettres et arts de Rouen, dans sa séance publique du 5 Août précédent, avait reconnu la très-grande utilité de cette horloge pour régler celles de la ville, surtout dans les temps nébuleux, où le soleil ne paraît que rarement.

Au mois de Novembre suivant, on publia dans le Journal de Rouen une lettre adressée à M. le marquis de Martainville, maire de cette ville, par M. ***, contenant des réflexions soumises à l'académie, dont la compagnie a ordonné l'impression dans le précis de ses travaux.

C'est cette lettre et un autre écrit du même auteur que je me propose de réfuter.

L'auteur, habile horloger, en voulant trop prouver, écrit lui-même contre son art; car, dit-il, jusqu'au XIe. siècle on n'avait encore aucune connaissance de l'horlogerie. Ce n'est donc pas un art absolument nécessaire : puisque, selon lui, on s'en est bien passé pendant plus de 5000 ans, on pourrait encore s'en passer.

Il paraît, dit-il, *que le premier moyen mis en usage a été la révolution journalière du soleil*, *etc.* IL PARAÎT! il n'en est donc pas sûr? Oui, Monsieur, le premier moyen mis en usage a été la révolution journalière du soleil. Le soleil est ce grand flambeau, ce *luminare majus*, ce président du jour que Dieu a créé pour porter successivement à toutes les parties de notre univers et à toutes les créatures, avec la lumière, la vie et l'abondance, et déployer, à la vue des êtres raisonnables, les richesses immenses de la munificence de son créateur (1).

Dieu créa un autre corps lumineux du second ordre (la lune), qui est appelé *luminare minus* (2), pour présider à la nuit, *ut præesset nocti*, et suppléer à l'absence du premier, pendant qu'il prodigue ses bienfaits dans d'autres régions; et ce suppléant ne nous réfléchit de lumière qu'autant que le premier lui en envoie; et quoique dépendant du premier pour la lumière qu'il refléchit vers nous, il n'en diffère en rien par la régularité de sa course et son obéissance aux premiers ordres qu'il reçut du souverain maître, *ut præesset nocti; et stellas* (3).

La providence n'a pas voulu que tout fût lumière: l'obscurité de la nuit a aussi ses merveilles qui excitent dans les ames sensibles un genre d'admiration; et sa grande utilité, je dis même sa nécessité, est reconnue de tout être pensant. Les étoiles comme les autres corps lumineux coopèrent aussi, par leurs cours réguliers, à marquer les temps, les saisons, les jours et les années: *Ut sint in signa et tempora, et dies et annos*. C'est le temps appelé *sidéral* par les astronomes (4).

Ainsi la présence du soleil sur l'horizon devait former le *jour*, et son absence devait causer la *nuit*. Dieu, ayant examiné son ouvrage, vit qu'il était *bon*, et qu'il était conforme à ses desseins: *Et vidit* (Deus) *quod esset bonum* (5). Mais ce *jour compris entre le lever et le coucher du soleil*,

---

(1) Genèse, chap. 1er., ℣. 16.

(2) Ibid.

(3) Ibid.

(4) MM. les régulateurs de l'Observatoire sur le temps sidéral n'ont peût-être pas pensé au texte sacré qui indique par le mot *stellas* un principe des observations *de ce temps sidéral*, puisque les étoiles sont créées pour suppléer à l absence de la lune et présider *à la nuit: Luminare minus. . .; et stellas*. (Genèse, chap. 1er., ℣. 16.)

(5) Ibid., ℣. 18.

qui a semblé si bon et si naturel à son créateur, *Deus vidit, etc., est reconnu défectueux*, dit notre savant auteur: *il a fallu en composer un autre tel qu'il est aujourd'hui*, c'est-à-dire abandonner la mesure que Dieu avait donnée, parce qu'elle ne s'accorde pas avec nos pendules ni avec nos montres. Il est passé en usage de dire: Le soleil a une marche irrégulière, parce qu'il n'est d'accord avec eux, dit-on, que quatre fois dans l'année; cet accord n'a pas même lieu aux quatre points cardinaux. Par respect pour beaucoup de savants qui le disent, et pour les autres personnes qui le croient simplement, je m'abstiendrai de qualifier cette expression ; je dirai seulement qu'elle me paraît inconvenante, puisqu'elle annonce de l'imperfection dans le plus bel ouvrage du créateur. Il me semble qu'il est plus naturel et plus exact de dire : Le pendule qui va bien se trouve d'accord avec le soleil quatre fois dans l'année, savoir, le 15 Avril, le 16 Juin, le 31 Août et le 24 Décembre. Cette expression ne diminuerait rien de la perfection de l'art de l'horlogerie, et ne mettrait point l'ouvrage de l'homme au-dessus de celui du créateur. J'observerai à M. l'académicien qu'il n'est pas sur ce point d'accord avec MM. du Bureau des Longitudes, qui disent le contraire, ni avec tous les peuples qui ont existé jusqu'à nous. *On est généralement convenu de faire usage* (pour mesurer le temps) *du mouvement du soleil dans la vie civile* (1).

L'auteur que je réfute ayant puisé dans la Connaissance des Temps, par le Bureau des Longitudes, tout ce qui est en faveur de son système, qu'il me soit permis de citer, dans le même ouvrage (pages 209 et 210), ce qu'il a jugé à propos de supprimer, en observant que le même ouvrage est continué pour les années 1827 et 1828.

---

(1) Annuaire pour l'année 1826, page 32.

Je vais ajouter un numéro à chaque article, afin d'y renvoyer quand il en sera besoin.

Connaissance des Temps pour l'année 1826, pages 209 et 210.

N°. 1. « Le temps vrai ou apparent est celui qui est » réglé par le mouvement vrai du soleil : ainsi le midi vrai » est l'instant où le centre du soleil est dans le méridien. »

N°. 2. « On a déjà proposé de substituer le temps moyen » au temps vrai, mais sans beaucoup de succès ; il est vrai » que ce changement serait accompagné de quelques incon- » vénients qui en balanceraient les avantages ; ils rendraient » inutiles tous les cadrans solaires, etc. »

N°. 3. « L'heure précise du midi moyen est assez dou- » teuse. »

N°. 4. « Le midi moyen est inégalement éloigné du lever » et du coucher du soleil, et en certains temps l'arc semi- » diurne du soir et celui du matin diffèrent d'une demi- » heure. »

N°. 5. « Le moindre nuage, à l'instant du midi, empê- » cherait tout-à-fait l'observation, car la méridienne du » temps moyen ne peut être suppléée par aucune autre ligne » horaire, à moins d'un calcul. »

A quoi servira alors dans les temps non seulement nébuleux, mais encore des brouillards de la Seine, le méridien à temps moyen qui doit être placé sur le port de Rouen ?

N°. 6. « Les variations diurnes des montres ordinaires » surpassent de beaucoup les inégalités du temps vrai, qui » sont insensibles pour les usages civils. »

N°. 7. « Les hauteurs égales ou correspondantes ne don- » nent encore que le midi vrai. »

N°. 8. « Les hauteurs absolues, les passages au méri- » dien, ne donnent encore que le temps vrai. »

N°. 9. « C'est pour le temps vrai que les astronomes » calculent leurs éphémérides, afin d'y trouver immédiatement, et sans réduction, toutes les quantités dont ils ont » besoin pour calculer leurs observations. »

N°. 10. « Enfin les trois diverses espèces de temps avec » leurs inconvénients ont aussi des avantages qui leur sont » propres. Le temps sidéral réglera les *pendules des observatoires*, parce que toute l'astronomie repose sur l'observation des étoiles. Le temps moyen sera seul employé » dans les tables des planètes et des satellites, et le temps » vrai, qui règle les jours et les saisons, continuera sans » doute d'être seul connu et suivi dans les usages civils. »

Il est inutile de parler ici de la plus haute élévation du soleil pour avoir l'heure de midi vrai. Messieurs du Bureau des Longitudes (1) n'y parlent que de l'instant où le centre du soleil se trouve dans la ligne méridienne. En effet, la terre tournant constamment et parallèlement sur elle-même, par son mouvement de rotation en vingt-quatre heures, présentera toujours au centre du soleil, dans son méridien, la même ligne, partant d'un pôle à l'autre, quelle que soit l'élévation du soleil sur l'horizon, oblique, droite, haute ou basse, australe ou boréale. Exemple : la sphère.

L'auteur du Mémoire, qui n'a vu dans les expressions du n°. 2 ci-dessus du Bureau des Longitudes, qu'un *inconvénient contre lequel*, dit-il, *une seule objection a été présentée*, change ici le PLURIEL en SINGULIER, *celle de l'inutilité des cadrans solaires.* Mais il est plus mitigé, car il veut qu'on les conserve et qu'on les utilise pour régler et réformer les régulateurs, qui serviront eux-mêmes à régler les horloges de la ville. Je lui demanderai pourquoi ne pas se servir

(1) N°s. 1, 2, 7, 8 ci-dessus.

directement de ces méridiens pour régler dessus les horloges publiques? pourquoi ces intermédiaires?

Puisque (1) l'heure du midi moyen est assez douteuse, pourquoi donc nous tant violenter pour adopter un temps douteux à la place du temps vrai? Le mot *vrai* indique assez sa nature et l'emploi qu'on en doit faire. Une autre dénomination donnerait un autre sens, qui dans cette circonstance serait un sens faux pour les usages civils, puisque ce ne serait point midi, ou moitié du jour, mi-di, point où le soleil a son centre dans son méridien, lequel partage le jour en deux parties égales; ce qui se voit (2) quand son ombre se dirige directement vers le pôle (V. fig. 3.). Pourquoi préférer un mode qui partage le jour en deux parties toujours inégales, quelquefois avec une demi-heure de différence (3)?

Le Bureau des Longitudes (4) nous prévient que le moindre nuage à l'instant du midi mettrait en déroute toute la science des personnes gagées pour monter nos horloges, puisque la méridienne du temps moyen ne peut être suppléée par aucune autre ligne horaire, mais seulement par un calcul qui est au-dessus de la capacité ordinaire des gens de cette classe; et leurs montres ne seront pas suffisamment sûres pour les garantir de l'erreur (5). Agir ainsi, ce serait vouloir être trompé et tromper le public.

L'auteur nous envoie chercher midi à la plus haute élévation du soleil sur l'horizon. On pourrait lui dire : Lisez les n°s. 7 et 8 ci-dessus! ce sont vos maîtres en science

---

(1) Bureau des Longitudes, n°. 3

(2) Ibid., n°. 1.

(3) Ibid., n°. 4.

(4) Ibid., n°. 5.

(5) Ibid., n°. 6.

astronomique qui ont décidé la question *ex professo*. (Le Bureau des Longitudes.)

Un bon physicien (1) un peu astronome ne s'écarterait pas de ce principe généralement reçu aujourd'hui, que ce n'est pas le soleil qui tourne autour de la terre, mais que ce mouvement n'est qu'apparent. Si MM. du Bureau des Longitudes se sont servi de ces expressions, ce n'est que pour s'accommoder à la faible intelligence de la multitude, qui est toujours portée à juger selon les apparences; c'est au contraire la terre qui, par son mouvement annuel dans le zodiaque, parallèlement à elle-même, tourne autour du soleil, supposé presqu'immobile au centre du monde planétaire. (Voyez la planche, fig. 1re.) La terre est réputée ronde en tout sens, ou à peu près; en vingt-quatre heures elle tourne sur elle-même par son mouvement de rotation diurne; chacun de ses pôles est toujours dirigé vers les pôles du monde. (Voyez la planche, fig. 2.) Son axe est celui de l'équateur, où se trouve son plus grand diamètre. Ceux qui habitent ces régions, dans le temps des équinoxes, à midi, ont le soleil à leur zénith; lorsque le méridien terrestre, c'est-à-dire cette ligne qui va d'un pôle à l'autre, coupant la ligne équinoxiale à angles droits, passe sous le centre du soleil, il est midi vrai; le style perpendiculaire ne donne point d'ombre, et quand alors on veut les heures sur le soleil, on doit les compter sur la ligne équinoxiale comme on compte les degrés de longitude; il en faut 15 pour une heure. Notre méridien est le même, avec cette différence que les rayons du soleil tombent sur nous obliquement, et son ombre est dirigée exactement, toutes les vingt-quatre heures, vers le pôle du monde: ce qui détruit

(1) Bureau des Longitudes, n°. 6.

aux yeux des savants l'opinion du temps moyen, où l'ombre du soleil n'aurait aucun point fixe. (V. la planche, fig. 3.)

La terre, toujours parallèle à elle-même, par son mouvement de titubation (V. fig. 2), présente successivement ses deux hémisphères sous les rayons du soleil plus ou moins obliques, à raison de sa forme sphérique; c'est cette forme sphérique qui a fait croire que le soleil s'élevait sur l'horizon. C'est tout le contraire, puisqu'on s'en éloigne à raison qu'on est plus près de l'axe du mouvement de rotation de la terre. On connaîtra cette vérité si l'on tire une ligne droite d'un pôle à l'autre, parallèle à l'axe du mouvement de rotation de la terre, coupant l'équateur à angles droits. On aura une différence, et cette différence ne produira jamais le temps moyen, pas plus que pour ceux qui, au fond d'une vallée, voient le soleil au sommet d'une montagne très-elevée : les uns et les autres ont le même midi, quelle que soit la hauteur de ladite montagne.

Que la terre soit cylindrique, il y aura toujours la même ligne méridienne, mais il n'y aura plus de saisons; tout sera zône torride; les produits de la terre ne seront plus variés; la vie de l'homme sera abrégée! Je dis toujours zône torride, car les 3,000 lieues d'un pôle de la terre à l'autre ne seront presque rien auprès de 30,000,000 de lieues de distance du soleil à la terre, et de l'énorme grandeur de cet astre on pourrait dire : *Parum pro nihilo reputatur*. Admirons la sagesse de Dieu, qui, par des règles si simples, opère de si grands prodiges!

L'auteur nomme *plusieurs nations où l'usage des cadrans solaires et des méridiens a été établi plusieurs siècles avant la connaissance du temps moyen*. Il aurait dit vrai en disant toutes les nations depuis le commencement du monde; et il est à regretter qu'il soit étranger à l'Ecriture-Sainte, car il aurait fait mention du *cadran d'Achaz*, roi de Juda.

qui fut connu même des rois voisins à cause du miracle qui eut lieu alors, quand l'ombre du soleil rétrograda de *dix degrés* (1). Et il en conclut la nécessité du TEMPS MOYEN pour *régler les affaires publiques et civiles, et mettre d'accord les horloges de la ville de Rouen, car les calculs faits sur ces méridiens solaires ne concordant pas avec nos pendules, il a fallu*, dit-il, *composer des jours tels qu'on les voit aujourd'hui.*

Il semble qu'il serait plus naturel de faire accorder nos horloges avec le soleil, puisqu'il est prouvé que cela est possible, comme il en convient lui même (voyez sa 3e. note, Lettre); *et, moyennant des calculs* que nous n'entendons point, *et des tables d'équation* que le peuple n'entend pas davantage, *tout ira fort bien.* (Lettre.) (2)

On exige, dit-il, *que les horloges* (publiques) *marquent le temps vrai, mais elles ne le peuvent suivre d'elles-mêmes, excepté celles construites avec un mécanisme propre à produire cet effet, etc.* (Lettre.) On peut donc avoir des horloges qui suivent le temps vrai, et il y en aura à Rouen sous peu. On a raison de l'exiger, c'est l'unique moyen de les mettre d'accord; car, étant bien réglées sur le soleil, elles ne varieront jamais. *Pour que les horloges de la ville fussent toujours d'un accord parfait, il faudrait qu'elles fussent montées tous les jours.* (Lettre.)

---

(1) Rois, chap. 20, ℣. 11; Isaïe, chap. 38, ℣. 8.

(2) La chose serait à peu près supportable s'il n'y avait que l'heure de midi où ces inconvénients se rencontrent : mais c'est à toutes les heures du jour et de la nuit. Il n'y aura rien de fixe : la différence qui se trouvait hier n'est point celle d'aujourd'hui, n'est point celle qui aura lieu demain, etc., etc.

Nous aurons donc des horloges d'un accord parfait, si l'on veut, car il n'y en a aucune qui ne soit montée tous les jours, même celle de la cathédrale; elle ne peut marcher que vingt-sept heures. M. *** a décidé la question; à présent peut-il dire que *la chose est impraticable*, d'autant plus que cet usage existe depuis qu'il y a des horloges à Rouen?

L'auteur de la Lettre avait remarqué que deux jours auparavant, l'horloge avançait de trente minutes sur le temps moyen, et de quinze sur le soleil; il attribue cette différence à ce que ces horloges suivent le temps vrai au lieu du temps moyen (1), *et qu'étant réglées chacune d'elles par des personnes différentes, il résulte que telle horloge n'est remise à l'heure que huit jours après telle autre.* Toutes les fois qu'on voudra violenter la nature, il arrivera toujours quelque chose de semblable. Le Bureau des Longitudes avait prévu toutes ces difficultés, en adoptant exclusivement le temps vrai pour les usages civils (2), parce qu'il règle les jours et les saisons. Le temps moyen, au contraire, devient pour les horloges publiques un usurpateur qui les chasse de leur domaine, que les savants ont relégué aux planètes et à leurs satellites.

Il ajoute (3) *qu'il ne balance pas à prononcer qu'il serait plus avantageux d'abandonner l'usage suivi jusqu'à ce jour de faire suivre le temps vrai aux horloges, et de ne leur faire marquer que le temps moyen.*

---

(1) Si elles suivent le temps vrai solaire, elles vont donc bien, puisque le soleil ne varie jamais.

(2) Bureau des Longitudes, n°. 10.

(3) Lettre.

Prononcer qu'il serait plus avantageux d'abandonner un usage suivi jusqu'à ce jour, c'est-à-dire un usage aussi ancien que le monde, n'y aurait-il pas un peu de témérité à un simple particulier de décider si affirmativement la question? car il avait devancé l'espèce de permission demandée et obtenue par les horlogers médiocres de Paris. Le Bureau des Longitudes, page 41, ne va pas si vîte en besogne. Par exemple, il était question, pour perfectionner le calendrier grégorien, de placer le commencement de l'annee au solstice d'hiver, et d'intercaler quelques jours au mois de Février. « Moyennant » ces changements, le calendrier n'eût presque rien laissé a » désirer : mais convient-il de lui donner ce degré de per- » fection? Il me semble qu'il n'en résulterait pas assez » d'avantages pour compenser les embarras qu'un pareil » changement introduirait dans nos habitudes, dans nos » rapports avec les autres peuples. Si l'on considère que » ce calendrier est maintenant celui de presque toutes les » nations de l'Europe, et qu'il a fallu deux siècles et toute » l'influence de la religion pour lui procurer cette univer- » salité, on sentira qu'il importe de lui conserver un aussi » précieux avantage, aux dépens même d'une perfection qui » ne porte pas sur des points essentiels. » Voilà le langage de la prudence! elle exige les plus grandes précautions lorsqu'il s'agit de heurter les usages consacrés par une habitude aussi ancienne que générale.

Pour répondre aux objections des adversaires du temps moyen, il prétend « qu'on ne doit pas trouver extraordi- » naire qu'on ne suive pas le temps divisé NATURELLEMENT » par le soleil; et il assure que rarement les horloges » indiquent le temps vrai; que souvent elles s'en écartent » davantage qu'elles ne le feraient si elles étaient reglées » sur le temps moyen. » (Lettre.) Cela est bientôt dit, mais pas prouvé.

Toujours elles indiquent le temps vrai quand on veut se donner la peine de les régler sur ce temps (1), comme on sera forcé de le faire pour les régler sur le temps moyen, puisque (comme nous le prouverons) il est impossible de les abandonner à elles-mêmes et de les tenir d'accord (2). Dans ce système se trouve un avantage inappréciable, c'est d'avoir le soleil pour règle invariable, tandis que, pour le temps moyen, 1°. il ne se trouve qu'un *midi* assez douteux (3); 2°. *le moindre nuage*, *etc.* (4): aurons-nous des bedeaux assez instruits? Ils auront des montres pour suppléer au soleil! mais *les variations des montres*, *etc.* (5).

L'auteur de la Lettre dit *qu'il est certain que les horloges de la ville de Rouen seraient d'accord entre elles si on les laissait suivre la marche naturelle*, *qui est de marquer le temps moyen* (6). Cependant le contraire est évidemment prouvé, puisque, toutes les fois que le soleil luit à midi, elles sont mises d'accord entre elles, à peu de chose près. Abandonnées à elles-mêmes, elles devraient suivre ensemble la même marche, régulièrement, ou s'en écarter également, ce qui n'arrive pas. Pourquoi y aurait-il

---

(1) Probablement que M. *** suppose que les horloges de Rouen et les montres de nos bedeaux peuvent être comparées à des montres marines.

(2) M. Destigny m'a assuré que celle de la cathédrale ne s'était pas éloignée du temps moyen depuis six mois qu'il est chargé de la régler; mais, puisqu'il faut la régler, elle n'est donc pas abandonnée à elle-même.

(3) Bureau des Longitudes, n°. 3.

(4) Ibid., n°. 5.

(5) Ibid., n°. 6.

(6) Pourquoi les horloges mises sur le temps moyen ne seraient-elles point sujettes à varier comme celles qui sont réglées sur le temps vrai?

plus d'accord entre elles si on les eût mises sur le temps moyen ? C'est à l'auteur de la Lettre à nous donner la solution de cette difficulté.

En attendant, nous dirons que ce n'est point parce qu'elles sont montées sur midi vrai qu'elles s'écartent inégalement de l'heure sur laquelle on les avait mises : l'une suit *le temps vrai*, l'autre *le temps moyen*, et d'autres n'en suivent aucun ; l'une va en avant de douze minutes, par exemple ; l'autre en retard de quinze, et voilà presque une demi-heure de différence, et peut-être aucune ne sera sur l'heure demandée. Est-ce parce qu'elles sont trop défectueuses pour être abandonnées à elles-mêmes, ou parce que quelqu'*accessoire* essentiel et particulier à chacune l'empêche de suivre les autres ? Peut-être l'un et l'autre. J'appelle *accessoire* ce qui peut être particulier à chaque horloge ; l'irrégularité dans les oscillations du balancier, l'imperfection dans les rouages, le défaut de poli dans les roues de rencontre, le plus ou le moins d'huile qui, mêlée avec la poussière, introduira un corps étranger dans les trous des pivots, dans les dents des roues, etc., sera nécessairement un obstacle à la liberté des mouvements dans une horloge ; ce qui n'aura pas lieu dans une autre dont on prendra soin, où se trouvera une parfaite égalité de moyens employés pour obtenir une égale température, une proportion égale dans les cordes du mouvement. En effet, plus l'édifice est haut et les cordes grosses, plus elles s'accumulent sur le noyau, plus elles alongent le levier, qui agit inégalement et produit une différence dans le mouvement, etc. Chaque *accessoire* se fera sentir plus ou moins dans chaque horloge, et prouvera invinciblement la nécessité de ne pas les abandonner à elles-mêmes. L'exemple de l'horloge de la ville, cité ci-dessus par l'auteur, vient à l'appui de toutes ces preuves.

On a aussi observé que dans ce cas les cadrans solaires

et les méridiens deviendraient inutiles. Je pense au contraire qu'ils seraient toujours nécessaires ; qu'une méridienne devrait être également consultée pour s'assurer si les horloges et les montres suivent le temps qu'elles doivent indiquer. (Lettre.)

Ainsi les méridiens et les cadrans solaires vrais sont nécessaires pour, par le moyen des calculs d'équation, mettre les régulateurs sur le temps moyen, et ensuite régler les horloges publiques sur le temps moyen des régulateurs. Pourquoi ne pas monter les horloges sans intermédiaire sur les méridiens solaires vrais? Mais cela serait trop simple pour notre siècle!

Je répondrai encore, dit l'auteur de la Lettre, *à l'observation qu'il devrait paraître extraordinaire d'entendre sonner une horloge quinze minutes avant ou après midi* (1), *suivant l'époque de l'année marquée par la méridienne* (2), *que cela ne pourrait paraître tel qu'aux personnes qui n'en connaîtraient pas la cause.* — Tout le monde n'est pas savant.

Oui, il paraîtra toujours extraordinaire qu'une horloge publique sonne quinze minutes avant ou après l'heure indiquée par la mesure adoptée par tous les peuples, par la méridienne; car elle doit à midi juste partager le jour en deux parties égales, civilement prises (V. fig. 3); sans cela elle ne serait pas méridienne. L'opposé au midi vrai serait un midi faux (3) qui tromperait le public, c'est-à-dire ceux qui ne sont pas savants.

Cela ne pourrait paraître tel qu'aux personnes qui n'en connaîtraient pas la cause, c'est-à-dire les neuf cent quatre-

(1) Et à toutes les heures du jour et de la nuit.

(2) Tous les jours de l'année, excepté les 15 Avril, etc., déjà cités.

(3) Bureau des Longitudes, n°s. 3 et 4.

vingt-dix millièmes. Les horloges publiques sont le domaine de tout le monde ; elles ne sont point exclusivement établies en faveur des personnes qui possèdent des horloges, pendules, montres à temps moyen, mais pour le public, qui ne comprend rien aux réticences, aux calculs astronomiques ; qui n'a que des yeux pour voir les aiguilles des cadrans, des oreilles pour entendre sonner les heures vraies, pour lui annoncer le temps du travail et celui du repos, etc. Agir autrement, ce serait abuser de sa confiance.

Il y aurait d'ailleurs un moyen d'obvier à cet inconvénient, en faisant sceller au pied de chaque monument où se trouve placé soit un cadran d'horloge, soit une méridienne, une table indiquant chaque jour l'heure que devraient marquer, à l'instant du midi vrai, les horloges réglées sur le temps moyen.

On ne peut pas se dissimuler que dans son système M. *** aura de grandes difficultés à surmonter, mais il dit *qu'il les combattra avec avantage.* Ses moyens de défense sont des tables d'équation scellées au pied des édifices où seront placés les cadrans, méridiennes, etc., dont il vient de donner la description (1), et qu'il vient de faire

---

(1) Je sais bon gré à M. *** d'avoir présenté à l'académie, et d'avoir publié cette table d'équation inverse : M. Périaux, à ma sollicitation, a eu la bonté de l'ajouter à celle qui se trouve à la tête de son almanach de Rouen, en faveur des personnes qui possèdent des pendules à temps moyen, pour connaître au juste l'heure de *midi* vrai, mais non pas pour les horloges publiques, auxquelles M. *** a cru pouvoir les adapter. J'ai cru devoir faire cette remarque.

J'ajouterai que, pour avoir à tout moment l'heure précise, elle est insuffisante ; car il n'est pas question seulement de l'heure de *midi*, mais de toutes les divisions de la journée, puisque le système de la substitution du temps moyen au temps vrai influe sur tous les instants pour ceux qui demandent de la précision dans les calculs et les observations astronomiques.

réimprimer dans son mémoire académique, avec cette addition : *La connaissance de cette table serait indispensable pour les personnes chargées de gouverner les horloges.* Il sera difficile de trouver, dans une certaine classe, des personnes capables de suppléer à ces savants supposés, pendant leur absence, ce qui formerait une nouvelle classe de fonctionnaires publics.

DES INCONVÉNIENTS QUI PEUVENT AVOIR LIEU DANS LA SUBSTITUTION DU TEMPS VRAI SOLAIRE DANS LES HORLOGES PUBLIQUES, PARTICULIÈREMENT DANS CELLES DE LA VILLE DE ROUEN.

Il n'est pas ici question de chercher un mode quelconque dans l'ordre des choses humaines où il ne se trouve aucun inconvénient, ce serait chose impossible, mais de suivre celui où il est plus aisé d'y remédier.

Ce n'est point ici une dispute, mais une discussion franche et loyale, sans prévention et sans intérêts particuliers, et surtout sans aigreur.

M. *** trouve de grands inconvénients dans l'usage du temps vrai solaire, lequel jusqu'à son temps on avait préféré à tout autre dans les usages civils. Il convient cependant que jusqu'au XIVe. siècle les clepsydres et les cadrans solaires étaient les seuls moyens qu'on employât pour mesurer le temps (1).

Quoi qu'en disent les savants du Bureau des Longitudes (2), M. *** a de grands griefs qui l'ont déterminé à agir contre sa conviction précédente ; et il en a signalé un entre plusieurs autres *qui résultent de l'emploi du temps vrai solaire au lieu du temps moyen ;* par exemple, il observe que *les ouvriers paresseux et infidèles quittent leur travail à la première horloge qui sonne, et n'y reviennent que quand la dernière s'est fait entendre.* Tout le monde gémit de ce désordre, de cet abus. Mais ces sortes d'ouvriers seront-ils

(1) Discours académique.

(2) Bureau des Longitudes, no. 6.

plus diligents quand les horloges seront montées et réglées sur le temps moyen? Il est permis d'en douter.

Je me permettrai aussi de donner un exemple parmi une infinité d'autres. Un malheureux ouvrier se fiant sur une horloge publique, alors en retard parce qu'elle est sur le temps moyen, arrivera un quart d'heure trop tard à son atelier, lequel est réglé sur le soleil à temps vrai, et le voilà en perte d'un quart de sa journée: sa femme, ses enfants en souffriront. J'en dirai autant des voyageurs, etc.

Un inconvénient grave, dit-il : *MM. les magistrats pourraient être trompés dans les heures nécessaires de leurs réunions.*

Il suppose que leur horloge, l'horloge de la ville, a été avancée d'un jour à l'autre de quatorze à quinze minutes, sans qu'on les en ait prévenus. Il s'appuie sur plusieurs choses qui ne sont point exactes : 1°. il veut que les horloges ne se règlent que tous les huit jours; 2°. qu'elles ne soient pas capables de varier, étant réglées sur le temps moyen, et qu'abandonnées à elles-mêmes, elles soient toujours à l'heure (1) : j'ai prouvé ailleurs le contraire.

Je ne balancerais pas à me sacrifier pour l'utilité de la magistrature et pour toute personne en autorité, et autres qui voudraient remplir un devoir : mais voilà des vérités profondément méditées par le Bureau des Longitudes. (Voyez les n°s. 3 et 6.) (2)

M. *** *cite un fait dans son Discours académique, page* 5, *relativement à un huissier qui le consultait sur*

---

(1) Je prie M. *** de me faire connaître la cause du privilége exclusif qu'il accorde aux horloges qui sont montées sur le temps moyen.

(2) Il suffit d'avoir chez soi plusieurs horloges pour ne pas savoir l'heure au juste.

l'heure vraie, pour rédiger un acte civil, parce que l'horloge de la ville et celle de la cathédrale différaient de dix minutes. Mais il s'abstient de rapporter la décision qu'il donna à cet *huissier*, et met une partie de sa science à prouver qu'il ignorait les règles de son art ; car c'était l'horloge de la ville que devait suivre l'officier ministériel, et non le pendule particulier de M. *** : c'est là le grand régulateur de la ville pour tous les actes civils, militaires, judiciaires, etc.

Il serait bien difficile de ne pas voir dans la mesure proposée un grand obstacle aux progrès des arts mécaniques et au perfectionnement de notre grosse horlogerie, si négligée jusqu'à nos jours, contre l'intention de notre gouvernement, qui décerne avec tant de générosité des récompenses aux artistes qui excellent dans le perfectionnement de leur art.

Arrêtons-nous un moment sur un point de la plus haute importance, puisqu'il s'agit de conserver la paix parmi les fidèles, et d'empêcher de grands désordres qui pourraient avoir lieu si l'on admettait pour mesure générale la substitution du temps moyen au temps vrai ; je veux parler de la détermination de *la lune pascale*. L'histoire nous apprend que pendant plus de trois cents ans une partie de l'église a éprouvé des troubles à l'occasion de la célébration de la Pâque, et qu'il ne fallut rien moins qu'un concile général pour y mettre fin. Le concile général de Nicée, convoqué à cette fin par le pape Saint-Sylvestre, en 325. chargea la fameuse école d'Alexandrie d'examiner à fond la question (où il n'est pas fait mention du temps moyen), et il fut décidé, par un décret solennel, qu'on suivrait le cycle de dix-neuf ans pour fixer cette solennité, parce qu'au bout de ce terme les nouvelles lunes reviennent à peu près aux mêmes jours de l'année *solaire*. (Voyez les *Tablettes du clergé.*) Quelques minutes de différence en retard ou en avant ont souvent été cause de méprises graves, et ont fait changer le dimanche où cette fête devait être solennisée (1).

Il en serait encore de même si l'on suivait le temps moyen, et tout l'ordre établi dans nos solennités mobiles serait troublé. En effet, tout est réglé sur le dimanche où l'on célèbre le jour de Pâques. Le nombre des dimanches d'après l'Epiphanie est augmenté ou diminué si l'on recule ou avance la Pâque, la Septuagésime, les Cendres, etc. Il influe également sur le temps où l'on doit célébrer les Rogations, l'Ascension, la Pentecôte, etc., ainsi que sur les dimanches qui la suivent.

C'était chez les Juifs un précepte divin d'observer le jour de la nouvelle lune, c'est-à-dire le passage de la lune au méridien solaire; et pour que ce jour ne fût pas confondu avec les autres jours, la religion en avait fait une fête qu'on appelait *Némonies;* c'était de ce jour qu'on comptait le quatorzième jour pour immoler l'agneau pascal. L'église catholique n'est pas moins rigoureuse sur ce point. Le concile d'Antioche, tenu en 342, ordonna, sous les plus grandes peines canoniques, l'exécution du décret de Nicée sur la célébration de la Pâque le dimanche qui suivra le quatorzième jour de la lune de l'équinoxe du printemps, et Rome ne suit pas le temps moyen. Pour ne pas se tromper dans une circonstance si importante, on marquait ce jour dans les calendriers par des lettres d'*or;* c'est ce qui, dans la suite, a été nommé jusqu'aujourd'hui *le nombre d'or*. On peut lire pour la suite de cet article l'*Histoire de M. Fleury*.

Si des méprises graves ont eu lieu quelquefois, en suivant des calculs fondés sur des lois indiquées par la nature même des choses, que sera-ce quand on voudra établir des calculs

(1) Cette année 1828 il y a eu neuf minutes et quelques secondes de différence. Plusieurs degrés.

sur des bases douteuses, reconnues telles par les autorités compétentes? « L'heure précise du midi moyen est assez » douteuse. » (Bureau des Longitudes, n°. 3.)

Les deux extrémités du temps où naît la lune pascale sont le 8 Mars et le 5 d'Avril : hors ce temps, ce ne peut être la lune pascale.

« De Mars après le huit prenez lune nouvelle,
» Comptez trois dimanches, et le troisième Pâques s'appelle. »

La lune devient nouvelle quand son centre passe dans la ligne méridienne solaire vraie ; le temps qu'elle met à ce passage est si rapide, qu'on peut dire en quelque sorte que ce n'est qu'un instant de raison. Si en l'année 1827 on avait calculé la Pâque sur le passage de la lune dans le système du *temps moyen*, on l'aurait calculée sur un temps qui n'existait pas encore, puisque le temps *moyen* étant en retard sur le soleil de cinq minutes quarante-une secondes, la lune avait déjà parcouru plusieurs degrés depuis son passage dans le méridien solaire vrai, et on en peut dire autant des années précédentes et de celles qui suivent. Cette année 1828 il y a neuf minutes cinq secondes. De là, comme je l'ai observé, il peut arriver que, dans certaines années, tout l'ordre parmi nos solennités mobiles, puisqu'elles sont réglées sur le jour de Pâques, se trouve interverti.

Substituer le temps moyen au temps vrai, c'est abandonner ce dernier, ce serait nous donner autant de midis différents qu'il y a de jours dans l'année. Si l'on suit le calcul de la plus haute élévation du soleil sur l'horizon, l'exactitude demandera que l'on spécifie le *midi* du premier jour, celui du *second*, du *troisième*, *etc.*

Cette substitution du temps moyen au temps vrai mettra la confusion dans toutes les connaissances astronomiques, géographiques, etc. On brouillera non seulement toutes les notions que nous avons de la division du temps, mais encore les relations du globe que nous habitons, avec les autres corps célestes et les positions respectives qui s'y trouvent; par exemple, les pôles, les équinoxes, etc. (V. fig. 3); et les nombreux instruments dont nous nous servons pour les observer, les mesurer, calculer leurs marches et leurs distances, deviennent fautifs. Nous avons appris en effet que le méridien vrai est la ligne qui coupe l'équateur, ou la ligne équinoxiale, à angles droits, et qui va répondre aux pôles du monde (V. fig. 3): voilà ce qui est de toute evidence; mais en substituant le temps moyen au temps vrai, il n'y a plus rien de certain dans ces connaissances. En changeant les méridiens, on change les lignes équinoxiales, et l'on en fait autant qu'il y a de *midis à temps moyen* (V. fig. 3). En voici la preuve : il est incontestable que le méridien vrai est une ligne droite qui coupe l'équateur à angles droits; mais si du point d'intersection du méridien vrai sur l'équateur on trace un méridien à temps *moyen*, par exemple celui du 12 Février, éloigné du méridien vrai d'environ quatre degrés; si de même on trace celui du 3 Novembre à égale distance opposée, ce qui formera un angle de huit degrés dont le sommet sera sur l'équateur; si sur chacun de ces deux méridiens à *temps moyen* on tirait une ligne perpendiculaire, je prie MM. les défenseurs du temps moyen de me dire si ces deux lignes seraient parallèles à la ligne équinoxiale. (V. fig. 3.)

On dira sans doute que cette mesure n'est employée que pour les usages civils : alors il faudra dire que, dans un siècle que l'on prétend être le plus éclairé, pour gouverner la société on a eu recours sans nécessité à une mesure contre nature. J'ai dit sans nécessité, puisqu'à peine il y a un an on suivait le temps vrai; on le suit encore par tout l'univers, depuis l'origine du monde.

Autres inconvénients non moins dangereux : en substituant le temps moyen au temps vrai, on accoutumera les marins à le suivre. Quelques-uns, oubliant l'heure du temps vrai, y seront surpris. Tout le monde sait que la première barre de la marée, arrivant avant l'heure à laquelle elle est attendue, peut causer de grands ravages dans un port. Elle ne connaît pas le *temps moyen* (1)!

Deux espèces de temps dans deux pays voisins peuvent occasionner des procès interminables dans des familles; il suffit que deux personnes qui, s'étant fait mutuellement une donation au plus vivant, meurent dans le même moment, mais sous différents régimes de temps bien connus.

Un scélérat adroit pourra quelquefois se procurer un *alibi*, et échapper à la vindicte publique, etc., etc.

On nous cite l'exemple de Paris, Londres, Amsterdam, etc.: Paris n'est pas plus la France que Londres n'est l'Angleterre; Paris a sa police particulière : qui ignore que ceux qui s'y trouvent sont obligés de s'y soumettre? Nous ne sommes pas à Paris, et nous n'avons pas d'ouvriers qui souffrent parce qu'on suit à Rouen le temps vrai, et la substitution du temps moyen au temps vrai ne changera pas en mieux l'état d'un seul citoyen, et nous n'aurons pas de meilleures montres. Il y aurait bien d'autres choses à supprimer qui multiplient à l'infini le nombre des malheureux!

On sait (dit M. ***) *que les horloges publiques de la*

---

(1) « Le passage du centre de la lune au méridien de Paris est calculé » en temps vrai astronomique, c'est-à-dire en comptant vingt-quatre » heures de suite d'un midi à l'autre : il est nécessaire aux astronomes » qui veulent observer la lune au méridien, et il sert encore à trouver » l'heure de la marée. » (*Bureau des Longitudes.*)

Il peut donc être dangereux d'établir des méridiens et des régulateurs uniquement à temps moyen, puisque cela distrairait les marins.

capitale sont encore réglées aujourd'hui sur le temps vrai et non d'après le temps moyen. L'état des connaissances en France et surtout à Paris appelait l'attention de l'administration... (1). *Paris, où l'art de l'horlogerie s'exerce avec une supériorité reconnue* (2), *ne devait pas plus longtemps différer un changement si nécessaire* (3).

Il y a eu, dit le Journal, *une commission du Bureau des Longitudes de nommée, laquelle s'est livrée à l'examen détaillé des questions relatives à l'emploi du temps moyen* (4). A entendre M. ***, il semble que cet examen a été bien pénible pour des savants tels que MM. de l'Institut! Cette question, proposée par la commune de Paris à la plus célèbre école connue, était une question très-embarrassante, puisque pour la résoudre il a fallu n'avoir pas égard aux principes qui lui étaient contraires (5), et chercher d'autres motifs louables pour y répondre favorablement. Je dis des motifs louables : une commune de Paris ne peut pas en avoir d'autres ; et il a été aussi louable à MM. de la commission d'y acquiescer.

Ainsi la commune (en sacrifiant pour la capitale un objet de perfection de la grosse horlogerie, et des chefs-d'œuvre de grand prix) a voulu établir une concurrence d'horlogerie avec les autres pays pour faire vivre un plus grand nombre d'ouvriers ; la commission a vu dans les membres de la commune des sentiments de commisération, et sans trop

---

(1) Pour les encourager et non autrement.

(2) Paris qui recule devant la perfection de cet art.

(3) Pour les horlogers médiocres : les bons horlogers n'en ont pas besoin.

(4) Bureau des Longitudes, n°. 10.

(5) Ibid., n°s. 6 et 10.

compromettre les principes établis ailleurs, a déclaré que les inconvénients, quoiqu'il y en eût, n'étaient pas assez graves pour empêcher la commune de suivre le dessein qu'elle avait de soulager la classe nombreuse de ses concitoyens; et elle y a consenti. Ce consentement est une espèce de *fiat ut petitur*. Voilà en somme ce que disent la commune de Paris et la commission. Rien de plus (1).

On se prévaut des exemples donnés par d'augustes personnages : dans ce cas sans doute, et dans d'autres, des exemples donnés par des personnes si dignes de notre vénération et de notre imitation, sont pour nous d'un grand poids; mais tout le monde sait qu'il suffit qu'on leur fasse apercevoir quelque chose d'utile pour les pauvres, pour que leur bonté inépuisable les porte à faire les plus grands sacrifices (2).

Il n'y a pas pour Rouen les mêmes raisons que pour Paris! on ne voit pas de provinces dans les autres pays où l'on ait admis le temps moyen pour les horloges publiques. A Londres,

---

(1) Il serait à souhaiter qu'on se souvînt que la rouennerie a commencé à être mésestimée dès le moment de la suppression de la visite des gardes posés *ad hoc*, et de la marque qui y était apposée. La suppression du temps vrai solaire, seul *criterium* dans ce cas, fera subir le même sort aux montres et aux horloges venant de Paris, puisqu'il n'y aura plus de garantie, de point fixe, invariable pour les régler.

(2) Il paraît que déjà on s'aperçoit de la perte que l'on a faite en substituant le temps *moyen* au temps vrai solaire, puisqu'au Palais-Royal on a rétabli, avec une perfection et un soin extraordinaires, l'ancien méridien à temps vrai : c'est un coup de canon qui annonce *midi* au soleil. Le peuple y va en foule, et chacun monte sa montre, et renvoie le temps *moyen* à sa première destination, aux planètes et à leurs satellites : TRANSIIT. (Voyez le *Journal de Rouen* 26 Janvier 1828; *la Quotidienne*, etc.)

c'est au temps vrai qu'on sonne la cloche pour lever les ancres pour le départ des navires, etc.

Le temps moyen suivi à Rouen mettrait la confusion entre les habitants de la ville et les pays voisins, romprait l'unité qui dans tous les temps a existé sous ce rapport, avec toute la France et ses dépendances, et avec toutes les nations connues; l'unité établie depuis l'origine du monde, fortifiée par les observations des savants les plus célèbres, qui font autorité dans cette matière, parce qu'elle est fondée sur la nature des choses et sur l'ordre de celui qui a créé l'astre qui devait présider au jour : *Fecītque Deus duo luminaria magna : luminare majus, ut prœesset diei, et luminare minus, ut prœesset nocti; et stellas.* (Genèse.)

Je prie M. Arago d'être persuadé de la parfaite confiance que j'ai en ses profondes lumières, et de mon respect pour sa personne: mais je me trouve bien humilié que mon ignorance ne me permette pas de concilier ces mots qu'on lit dans l'arrêté de la municipalité de Paris, « que la substitution du temps moyen au temps vrai fera une faible différence, » mais peu sensible, avec la doctrine du Bureau des Longitudes, exprimée en ces termes : « Le midi moyen est inégalement éloigné du lever et du coucher du soleil, et en certain temps l'arc semi-diurne du soir et celui du matin diffèrent d'une demi-heure. »

Pour mettre M. Arago d'accord avec lui-même, j'ai cru devoir prendre un moyen terme. Supposons que M. *** a considéré le jour dans son ensemble, abstraction faite de ses divisions; car une demi-heure ne peut pas être regardée comme peu importante par des savants établis pour régler les temps, avoués et reconnus par la portion la plus éclairée de la société, et qui, dans tous leurs calculs, mettent une rigidité, une exactitude qui va jusqu'au scrupule, qui portent naturellement à une confiance aveugle sur tout ce qui les concerne, et surtout dans leur célèbre ouvrage sur la Connaissance des temps. Il est certain que, dans le cas présent, cette demi-heure, ou toute autre équation, ne doit pas être considérée, comptée seulement sur l'heure de *midi*, mais encore sur celle de *minuit* même, où commence le jour pour le civil, ainsi que sur les autres heures intermédiaires, tantôt en avant, tantôt en retard, toujours proportionnellement à la saison, puisqu'elle change d'équation. S'il en est ainsi, nous serons réduits à ne plus savoir au juste à quelle heure nous vivons; il faudra à tous les instants faire un acte de foi sur l'exactitude et la justesse du pendule de M. l'horloger, qui ne marquera cependant qu'un temps pour le moins douteux.

Aussi nosseigneurs les archevêques eux-mêmes ont trouvé des inconvénients graves à ce que l'on variât pour l'heure de l'office divin dans leur église métropolitaine, et ils ont eu un soin particulier de faire établir, à grands frais, dans leur palais archiépiscopal, deux méridiens solaires vrais, dont un est extérieur et l'autre intérieur; ce dernier se voit encore aujourd'hui sur le pavé de la salle dite des États, ainsi appelée parce que c'est là que les états de Normandie s'assemblaient autrefois.

DE LA DIVISION DU TEMPS.

Dans son second écrit sur la division du temps, page 1re., M. *** s'exprime ainsi : « Dès la plus haute antiquité, » chez tous les peuples, le soleil étant l'objet le plus frap- » pant, a dû servir et a servi en effet à mesurer le temps. »

En parlant de la plus *haute antiquité*, l'auteur n'a pas voulu, probablement, nous faire oublier les premières notions que nous avons reçues dans notre jeunesse, touchant l'époque de la création du monde, où Dieu désigna à chacun des être qu'il venait de créer son emploi et l'influence mutuelle qu'ils devaient exercer les uns sur les autres, et spécialement sur les hommes, considérés sous tous leurs rapports. Cependant il me permettra de lui faire observer que ce n'est pas parce que le soleil est le plus apparent et le plus frappant que chez tous les peuples on a dû s'en servir, et qu'on s'en est servi en effet, pour mesurer le temps, mais parce que les hommes, dès l'origine des temps, ont appris que cet astre lumineux, par ordre de son auteur, était le régulateur suprême de la nature, qu'il était établi pour présider au jour, *ut prœesset diei*, et aux opérations humaines; et que ses courses, quoiqu'apparentes seulement, mathématiquement toujours les mêmes, autour de la terre (1), multipliées, formeraient les mois, les saisons, les années et les siècles. (*Genèse*, chap. 1, ℣. 16.)

Il y a dans l'église des devoirs à remplir réglés sur le méridien de la chambre apostolique et calculés sur les heures du méridien gallican. Ce méridien gallican, c'est celui de l'Observatoire à Paris. Or, ce méridien n'est pas réglé sur le temps moyen, qui est souvent douteux, mais sur le midi vrai solaire. C'est sur lui que se font tous les calculs astronomiques pour la France et pour ses dépendances. (Voyez la Connaissance des temps.)

---

(1) J'ai dit ses courses *quoiqu'apparentes seulement*, parce qu'il est reconnu que c'est la terre qui, par son mouvement annuel, parcourt les douze signes du zodiaque, et par son mouvement parallèle à elle-même et de titubation, présente chacun à leur tour ses deux hémisphères (voyez Planche II, fig. 2), et par son mouvement diurne et de rotation, reçoit tous les jours du soleil non seulement la lumière de cet astre bienfaisant, mais encore ses douces influences; et procure à ses habitants tout ce qui leur est nécessaire et utile, et même agréable dans le temps opportun, *in tempore opportuno*; et que c'est par son moyen que Dieu remplit tout ce qui a vie de ses abondantes bénédictions : *Aperis tu manum, et imples omne animal benedictione.*

Il entre dans mon plan de la division du temps de dire un mot, comme en passant et par manière d'essai, sur les signes du zodiaque.

Les points solsticiaux de l'écliptique avec ses deux points équinoxiaux sont appelés *points cardinaux*, parce qu'ils déterminent les commencements des quatre saisons de l'année, lesquels se trouvent subdivisés par les signes du *zodiaque* solaire.

On appelle *zodiaque* un espace circulaire dans le ciel, ou bande large de seize à dix-huit degrés, dans laquelle se meuvent le soleil, la terre et les autres planètes, dont le plan ou l'axe est incliné de vingt-trois degrés et demi sur celui de l'équateur ; c'est ce qu'on appelle *obliquité du zodiaque*, et la plus grande déclinaison du soleil.

Le cercle du *zodiaque*, comme tous les autres cercles, est divisé en trois cent soixante degrés, lesquels sont subdivisés en douze parties de trente degrés chacune : c'est ce que, dans ce cas, on appelle *signe*. Les signes du *zodiaque*, ce sont les douze signes que le soleil paraît parcourir en trois cent soixante-cinq jours six heures et quelques minutes ; mais que, dans la réalité, la terre elle-même parcourt en décrivant un cercle alongé, pendant que le soleil est censé immobile au centre. (Voyez planche II, fig. 2.) Ainsi les signes du *zodiaque* sont des constellations formées d'un certain nombre d'étoiles, qui, dans l'étendue de trente degrés, se succèdent immédiatement, lesquelles on supposait autrefois représenter certaines figures qu'on chercherait en vain aujourd'hui, à cause de la différence des distances des étoiles fixes et conséquemment de leurs mouvements dans l'immensité des cieux (1). Quand donc on dit que *le soleil entre* dans tel

(1) On peut supposer que ces prétendues figures aient disparu à la longue par les mouvements des cieux de l'occident vers l'orient, et

signe, cela signifie qu'une ligne droite tirée du méridien terrestre vrai, par le centre du soleil, rencontre dans le firmament les premières étoiles de ce signe. Je demande actuellement si les calculs faits sur les méridiens à temps

---

que le soleil en passant sous ces constellations annonçait et commençait une nouvelle saison, chacune desquelles avait ses avantages ou des influences nuisibles, et tous étaient intéressés à en connaître les époques; mais ces connaissances étaient le partage d'un très-petit nombre de savants, qui étaient chargés de les faire connaître au public. La manière d'instruire consistait à mettre, dans les places ou marchés, certaines figures assez signifiantes pour faire comprendre et connaître l'état du ciel et le commencement de chaque saison. Par exemple, en faisant voir une balance, ce signe annonçait l'équinoxe d'automne, où les jours et les nuits sont égaux. Originairement en montrant un bélier, on annonçait que le temps de la sortie des agneaux de leurs étables commençait : c'était le signe du *Bélier*. Le mois d'Octobre, souvent funeste aux personnes employées aux travaux pénibles de la campagne, par les fièvres et autres maladies qui en sont les suites, ne pouvait pas mieux être représenté que par un insecte dont les morsures sont toujours dangereuses : c'était le signe du *Scorpion*. Un cavalier armé de son arbalète lançant une flèche, annonçait l'ouverture de la saison de la chasse aux bêtes fauves : c'était le signe du *Sagittaire*. Le soleil allait-il recommencer sa course annuelle et remonter sur l'horizon, il était représenté par celui des animaux qui a le plus d'instinct pour gravir les montagnes et les rochers les plus escarpés : c'était une espèce de bouquetin, le signe du *Capricorne*. Un vase incliné répandant de l'eau, ou un porteur d'eau, annonçaient le temps, la saison des grandes pluies : c'était le signe du *Verseau* (*aquarius*). Deux poissons liés ensemble avec une espèce d'hameçon annonçaient la saison de la pêche (*pisces*) : le soleil entrait aux *Poissons*. La saison de mettre les veaux à l'herbe était annoncée par un *Taureau*; celle des chevreaux l'était par deux *Jumeaux*, parce qu'ordinairement la chèvre en porte deux. Le signe du *Cancer*, ou de l'*Ecrevisse*, le solstice d'été : il était très-difficile de trouver un animal qui, par sa marche extraordinaire, représentât mieux que l'écrevisse le mouvement rétrograde et parallèle sur elle-même de la terre dans son changement de direction. Sa nutation de sept à huit secondes pour quatre ans n'est comptée pour

moyen produiront les mêmes résultats, la même exactitude? D'où il résulte que tous ces calculs, faits sur le temps moyen, sont mensongers, puisqu'ils rendent fautifs tous les autres calculs faits sur le temps vrai par les savants et les autorités

---

rien dans les usages civils. Fallait-il annoncer les grandes chaleurs du mois de Juillet, où le soleil lance ses rayons enflammés et brûlants, on le représentait sous l'emblème de l'animal le plus féroce : le *Lion*.

Enfin on représentait l'entrée de la moisson sous la figure d'une jeune fille tenant dans ses bras une gerbe de blé, ou à la main un épi ou une faucille : c'était le signe de la *Vierge*. L'épi de la Vierge est une des plus belles étoiles de la première grandeur.

Telle est la course que la terre fait autour du soleil tous les ans, et les signes par lesquels les anciens peuples annonçaient les divisions des saisons. Dans celles où l'on attendait quelque chose de sinistre on s'y préparait; on se réjouissait s'il y avait quelque chose d'agréable à attendre.

Personne, je pense, ne contestera que toutes ces observations se faisaient sur les méridiens vrais solaires; que les astronomes, encore aujourd'hui, ne font leurs calculs que sur le temps vrai; que c'est sur ce temps que sont réglés tous les almanachs, les calendriers, les cartes géographiques, les sphères, etc.

Le débordement du Nil s'annonce par l'apparition, sur l'horizon, d'une constellation dans laquelle se trouve une étoile de la première grandeur, appelée par les uns *Canis minor*, et par les autres *Canicula*. Cette constellation paraît sur notre hémisphère le 16 ou 17 Juillet, pendant presqu'un mois, et le temps de sa conjonction avec le soleil s'appelle jours caniculaires. Le temps des chaleurs chez nous est dans l'autre hémisphère le temps des pluies, et c'est dans ce temps-là que le Nil apporte l'abondance sur les terres de la Basse-Egypte par le limon qu'il y dépose alors. Mais il était nécessaire que le peuple s'y préparât d'avance pour éviter une espèce de submersion qui pouvait avoir lieu, et les savants lui annonçaient cet heureux événement, qui devait faire leur richesse, par le moyen d'une statue hiéroglyphique, selon l'usage de ce temps-là, représentant un aveugle précédé d'un petit chien (*canicula*, d'où est venu le mot canicule), placée dans les marchés, etc., en guise d'affiche, autour de laquelle le peuple se livrait à la joie par des danses, etc. Il n'est pas difficile de connaître là l'origine

les plus respectables, ainsi que les instruments astronomiques, contredisent nos calendriers, nos almanachs, nos sphères, nos globes, etc., et tendent à anéantir le système solaire.

---

des danses *populaires* qui ont lieu parmi nous dans certains temps de l'année.

En finissant cette note, il est bon d'y ajouter une observation sur la nécessité d'abord et sur l'utilité du zodiaque et son origine.

Sa nécessité d'abord et son utilité : il servait à indiquer la division des différentes saisons de l'année, marquait le temps des semences, des récoltes, etc., annonçait d'avance les mauvaises saisons, afin qu'on s'y préparât. Pour s'en convaincre, il suffit de réfléchir sur les noms des signes.

Son origine : il paraît certain qu'il remonte au temps qui précéda la dispersion des enfants de Noé, réunis dans la plaine de Sennaar, en Chaldée, où, avant de se séparer, ils avaient appris, pendant les 400 ans depuis la sortie de l'arche, tous les principes des connaissances humaines, pour les enseigner et les pratiquer partout où ils iraient s'établir; parmi lesquels on peut compter le zodiaque, comme étant d'une utilité générale, dans ce temps-là, en faveur des cultivateurs. Ces signes étaient considérés comme autant d'affiches que consultaient les peuples occupés à la culture des terres; sans ces raisons et d'autres semblables, on n'en voit pas le but; et avec elles tout s'explique : rien n'était plus nécessaire ni mieux imaginé. Comment, en effet, aurait-on pu gouverner les travaux de la campagne et les hommes, si multipliés alors, et leur procurer les moyens de subsister, sans avoir recours à l'observation des corps célestes qui pouvaient influer sur la terre et ses productions de première nécessité pour la vie? Pour cela, quelques mots, quelques figures grotesques suffisaient.

Rien n'avait été plus aisé à leurs pères à composer que le zodiaque, et plus naturel à des hommes qui vivaient alors plusieurs cents ans, et chez lesquels existait la tradition constante que Dieu avait créé le soleil pour présider au jour et faciliter les usages journaliers; la lune pour présider à la nuit, et les étoiles pour fixer les différentes saisons de l'année. Qui pourrait douter d'ailleurs de leurs connaissances en astronomie? Job, qui vivait du temps des patriarches, en parle

L'écliptique est un article trop important pour qu'on n'en n'en dise pas un mot, puisqu'il entre aussi dans le système de la division du temps, et calculé sur le temps vrai solaire.

L'écliptique est une ligne qui trace la route du soleil dans le zodiaque, qu'elle partage dans toute sa longueur en deux portions égales. Il est ainsi appelé parce que les corps célestes

---

avec une érudition non ordinaire, et en termes qui sont les mêmes que ceux dont nos savants font usage. La lecture de son livre ne pourrait que leur être utile.

Il ne serait pas impossible de prouver que l'origine du zodiaque, tel que je l'entends, avait précédé le déluge, où les arts et les sciences utiles et agréables n'étaient pas ignorés, ainsi que l'agriculture, puisque c'était une suite de connaissances que Dieu avait communiquées à nos premiers parents; et on connaît les noms de ceux qui les ont pratiqués avec succès (*Genèse.*)

Quoi qu'en pense M.***, grand prôneur du zodiaque de Denderah, avec ses millions d'années d'existence et ses fables sur l'ancienneté des Egyptiens, si cet auteur venait visiter une de nos églises (le fronton de la principale porte de celle de Saint-Vincent, sous le porche), il nous prouverait peut-être que les sculptures qu'on y voit remontent au moins à 2000 ans avant *l'ère chrétienne*. Le vrai zodiaque ne doit pas son origine aux habitants de ce pays; on s'en servait après le déluge pour régler les travaux, surtout de l'agriculture; et à la dispersion, chaque famille continua d'en faire usage pour la même cause. Les fils de Sem s'en servirent dans l'Orient; ceux de Cham en Afrique, et ceux de Japhet en Europe et dans les îles. Tous ces peuples l'emportèrent pur et conforme à la nature des choses, fondée sur les observations les plus exactes. En effet, pourrait-on concevoir que les Egyptiens, aussi savants et aussi sages que M. *** le prétend, les habitants de la Haute-Egypte par exemple, auraient indiqué à leurs cultivateurs une saison tout-à-fait opposée à celle qui existe dans leur contrée (voyez toute la figure, n°. 2), l'hiver, tandis qu'il est été? Je n'en citerai que deux ou trois exemples: le signe du Verseau, qui annonce les temps les plus pluvieux de l'année dans notre hémisphère, répond à la saison où il ne pleut presque jamais, et au plus beau mois de leur année, comme chez nous au mois de Juillet. Ils n'auraient donc pas dû le désigner

qui se trouvent en opposition dans cette ligne s'éclipsent par rapport à nous ; et c'est sur le temps vrai solaire que les astronomes qui les observent, calculent avec tant de précision les jours, les moments, les lieux où ces éclipses seront visibles, aussi bien que leur étendue, leur durée, etc. (c'est la doctrine du Bureau des Longitudes), parce que les passages au méridien demandent le temps vrai.

Il existe une autre division du temps qu'il n'est pas moins important de remarquer, et que l'on peut regarder (dit le Bureau des Longitudes) comme *le plus ancien monument des connaissances astronomiques :* c'est cette période de sept jours qui se renouvelle et se succède toujours, que nous appelons *semaine ;* c'est-à-dire que la terre pendant cette période fait sept fois sa révolution sur son axe, chacune de vingt-quatre heures, minute pour minute, sur le méridien solaire vrai, sur toute la surface du globe ; preuve

---

par le signe du *Verseau.* Un autre exemple : le signe de la Vierge, le temps de la moisson chez nous, dans nos climats, Août et Septembre, ne peut pas désigner la même chose chez eux, puisque la moisson y est terminée à la fin de Mars. Notre signe du Sagittaire dénote le temps le plus favorable pour se livrer à la poursuite des bêtes fauves ou féroces, faciles à découvrir dans cette saison, dans les forêts après la chute des feuilles, et c'est dans ce temps où dans la Haute-Egypte la nature est en pleine vigueur ; ce serait chez nous le mois de Mai. Les Egyptiens n'ont donc pas pu choisir ces signes pour désigner les saisons de l'année, et composer le zodiaque reconnu et reçu dans les deux hémisphères, dont les anciens Egyptiens faisaient partie, comme appartenant à la famille de Cham, sortie de la plaine de *Sennaar*, et dont ils ont les calculs. Ils n'ont point composé le zodiaque, mais ils l'ont apporté : de sorte que la prétendue antiquité du zodiaque de Denderah ne précédera pas la venue des Egyptiens, des fils de *Cham*, second fils de Noé, arrivée lors de la confusion des langues et de la dispersion des peuples, vers l'an 2200 et quelques années avant l'ère chrétienne.

évidente que la division du temps a été toujours et partout la même, et que le soleil dans son méridien vrai en est la mesure principale. Voici en entier l'article que le Bureau des Longitudes a consacré à faire connaître la période de sept jours appelée *semaine*. Le meilleur moyen d'obvier aux désordres occasionnés dans la société par les *décades* « fut de faire usage d'une petite période indépendante des » mois et des années. Telle est la *semaine* qui, depuis la » plus haute antiquité dans laquelle se perd son origine, cir» cule sans interruption à travers les siècles, en se mêlant » aux calendriers successifs des différents peuples....... La » semaine se trouve dans l'Inde parmi les Brames, et avec » nos dénominations; je me suis assuré que les jours dénom» més par eux et par nous de la même manière répondent » aux mêmes instants physiques. La même période était en » usage chez les Arabes, les Juifs, les Assyriens, en Chine » et dans tout l'Orient. Il est impossible, au milieu de tant » de peuples divers, d'en reconnaître l'*inventeur*. Nous pou» vons seulement affirmer qu'elle est le plus ancien monu» ment des connaissances astronomiques; elle paraît indi» quer une source commune d'où les sciences se sont répan» dues. » Que dire d'après un témoignage si solennel? Cette période appelée *semaine* n'a point d'inventeur, elle a un auteur, c'est Dieu. L'époque de son origine, c'est la semaine de la création de l'univers. Je pourrais dire qu'elle a été conservée intacte pendant tant de siècles, parce qu'elle est destinée à rappeler tous les jours à toutes les nations, à tous les hommes susceptibles de réflexion, le dogme de la création du monde en six jours, et à nous faire ressouvenir que le septième est consacré au service de Dieu et à notre repos: *Septimus dies erat Judœis sacer ex Dei institutione. Ea consuetudo etiam apud Gentiles observata fuit.* (Martinius.)

Et ce septième jour, ce jour de repos, destiné à glorifier Dieu, nous en représente aussi la récompense, le repos de Dieu, le repos éternel, l'occupation des saints dans le ciel; d'où il suit que la négligence sur ce point exposerait chacun de nous à être du nombre de ceux contre lesquels Dieu a juré qu'ils n'entreront point dans son repos, dans sa gloire: *Quibus juravi in ira mea, si introibant in requiem meam.*

On demandera comment une période si importante est parvenue aussi intacte jusqu'à nous?

Par une tradition non interrompue, certaine et d'une éminente autorité naturelle et divine. En effet, il y avait plus de mille ans que le monde existait lorsque Noé est né, et tous les hommes existant alors étaient dans cette croyance et l'observaient. La terre était déjà peuplée lorsque le déluge vint, et Noé avait vécu cinq cents ans dans cette foi.

Après la sortie de l'arche, Dieu se servit de Noé pour former une nouvelle société semblable à celle qu'il avait créée au commencement du monde, et à laquelle ce patriarche enseigna cette divine loi, la pratiqua lui-même pendant quatre cents ans, comme il l'avait crue et pratiquée durant cinq cents ans avant le déluge.

Sortie de l'arche, sa famille se multiplia si prodigieusement, qu'on reconnut la nécessité absolue de se disperser; mais auparavant ses membres voulurent rendre leur nom célèbre aux générations futures, en élevant dans la plaine de Sennaar cette tour qui, si elle prouve l'excès de leur orgueil et de leur extravagance, prouve en même temps qu'ils n'étaient pas sans connaissance des arts et des sciences humaines; preuves que leurs pères avaient déjà données dans la construction de l'arche.

Dieu hâta leur dispersion en confondant leur langage. Les trois chefs, fils de Noé, se partagèrent la terre. Chacune de ces parties de la terre fut subdivisée entre chaque famille, dont le chef donna son nom au pays où il se fixa. C'est par le moyen de ces familles dispersées que Dieu a fait parvenir jusqu'à nous et fait connaître par toute la terre ce monument précieux, la période de sept jours qu'on appelle *semaine*, et le septième jour qui en est le complément. Quand nous n'aurions pas tous ces témoignages, le consentement unanime de toutes les nations que nous cite le Bureau des Longitudes (ci-dessus), qui attribue son origine à une source commune, prouve évidemment qu'elle remonte à la semaine de la création, c'est-à-dire jusqu'à Dieu.

Ce n'est point sur la montagne de Sinaï que Dieu institua le jour du Sabbat; il était institué au commencement du monde; mais il renouvela alors l'obligation de le sanctifier: *Mementote, etc.* Ce commandement se trouve non seulement à toutes les pages de l'Ancien et du Nouveau Testament, mais encore chez les païens: *Septimum diem sacrum non solum sciant Hebræi, verum etiam Græci.* (Martinius.) *Ea consuetudo etiam apud Gentiles observata fuit.* (Idem.)

De cet accord de toutes les nations sur ce point, comme sur d'autres, il est raisonnable de conclure que cette période appelée *semaine*, ainsi que les principes de toutes les autres connaissances humaines, viennent de la source commune à toutes les créatures, c'est-à-dire de Dieu, et qu'il n'en faut pas chercher d'autre que celle qui nous est transmise par les trois fils de Noé et leurs familles, divisées et subdivisées en nations: *Isti filii..., secundum cognationes, linguas et regiones in gentibus suis..., hæ sunt familiæ Noe juxta populos et nationes suas..., ab his divisæ sunt gentes in terra post diluvium.* (Genèse.) Chaque chef de famille a donné son nom au pays qu'il a occupé.

Sem, premier fils de Noé, occupa l'Orient et l'Asie; Cham, second fils, et sa famille, occupa l'Afrique; Japhet, le troisième, et sa famille, eut l'Europe et ses îles en partage.

De Sem sont sortis les Hébreux, ainsi nommés à cause qu'ils descendent d'Héber, issu de ce patriarche ; c'est la nation sainte que Dieu avait choisie pour être la dépositaire de ses oracles, le sujet sur lequel il devait opérer ses prodiges et les faire connaître aux hommes dans la suite des temps, ainsi que les promesses d'un Messie faites à Adam et à sa postérité, jusqu'à leur parfait accomplissement.

M. ***, dans son Discours, page 3, veut nous instruire sur l'art de diviser la journée, et nous assure que cet art ne parut que tard à Rome; « car on n'y connut jusqu'au-» delà du cinquième siècle de sa fondation que le lever du » soleil, et son coucher, *avec le midi.* Ce dernier était marqué » par l'arrivée du soleil entre la tribune aux Harangues et un » lieu nommé *Græcostasis.* Alors un hérault, préposé à » guetter le moment, le proclamait au peuple. Les gens de » qualité, à l'imitation des Grecs, avaient des esclaves qui » leur en apportaient l'annonce. »

Pour nous faire croire la vérité de ce fait, il ne fallait rien moins que d'être raconté par une personne aussi grave ; car comment pendant plusieurs siècles se peut-il faire que le peuple *romain* ait été si peu instruit pour ne pas se procurer le moyen de connaître l'heure qui divisait le jour en deux parties égales ? Ce moyen était facile et si peu coûteux !

Les Romains et les Grecs mettaient donc une grande importance, avant ce temps-là, à connaître l'heure qui divisait le jour en deux parties égales, puisqu'ils prenaient pour cela tant de précautions ? Par là, l'adversaire du temps vrai solaire en prouve la nécessité ; car certainement on ne connaissait pas, à cette époque, le temps moyen ; et l'heure de midi au soleil vrai était celle où tout se rapportait, sur laquelle on se réglait non seulement pour les affaires religieuses, militaires, judiciaires et civiles, mais même pour les opérations agricoles et industrielles comme encore aujourd'hui. N'est-ce pas ce que l'on voit partout dans les villes et les campagnes ?

Il nous assure encore que les Juifs et les Romains divisaient le jour en douze heures, mais « *qu'elles étaient » nécessairement inégales.* » Il ne nous dit point quand elles sont devenues égales : c'est qu'il ne le sait point. Avec un peu plus de science géographique, notre auteur aurait vu sur la carte de la Judée qu'il y a dix-huit à dix-neuf degrés de latitude de différence entre cette province et Paris ; qu'il y a tout au plus treize heures de soleil dans les plus longs jours, au lieu de seize heures que nous avons (*Introduction à l'Ecriture-Sainte*) (1); mais le tout réuni (c'est-à-dire l'espace qui s'écoulait d'un *midi* à l'autre) se divisait en quatre parties qu'on appelait *vigiles* ou *veillées*, la première le soir, la seconde à minuit, la troisième le matin, la quatrième à midi (2). J'observe qu'il y a encore d'autres divisions du jour, suivies par les savants, pour régler ce qui concerne le culte, etc.

Notre auteur prétend avoir d'autres autorités pour nous faire connaître l'origine de la division du jour en vingt-quatre heures. Sous la direction de M. Falconnet, il a parcouru l'Histoire des Egyptiens; il a découvert que la division du jour en vingt-quatre heures était due à une sorte de singe appelé *cynocéphale*, consacré à Sérapis, qui rendait son urine toutes les heures, douze fois par jour et douze fois la nuit, à distances égales. Ce serait un grand pas vers le temps moyen si nos savants avaient remarqué

---

(1) *Nam totum (diem) Hebræi in quatuor partes dividebant, quas vigilias vocabant : prima vigilia erat vespere, secunda a media nocte, tertia a mane, quarta a meridie.* (Martinius.)

(2) *Vide supra.*

que ce singe extraordinaire avait choisi de lui-même ce temps pour rendre *ses urines;* mais ils n'en parlent pas.

Les savants ne sont pas d'accord sur le *cynocéphale*. Le Dictionnaire de Trévoux dit que c'est un animal fabuleux qu'on a feint avoir une tête de chien, que les Egyptiens ont eu en grande vénération, et qu'ils révéraient comme un dieu, etc. Un cynocéphale assis était chez les Egyptiens l'hiéroglyphe des deux équinoxes; c'est pour cela qu'on a dit qu'il rendait *son urine* douze fois la nuit, par intervalles égaux, et que c'est ce qui a donné lieu à la division des heures. On ne parle point de la reddition de *ses urines* pendant le jour. (*Dict. de Trévoux.*)

Puisqu'on veut citer les Egyptiens, qu'il me soit permis de les citer aussi : *Apud Ægyptios, Apollo, qui est sol, Horus vocatur, ex quo horæ viginti quatuor, quibus dies noxque conficitur, nomen acceperunt.* (Martinius, *Lexicon philologicum.*)

Ceci prouve que les Egyptiens n'ont pas toujours eu des singes qui rendissent *leurs urines* à temps égaux, douze fois le jour et douze fois la nuit, pour diviser le jour en vingt-quatre heures.

Avant le départ des enfants de Noé, par la dispersion, on comptait en Chaldée vingt-quatre heures du jour naturel; peu importe le moment de départ pour les compter. Ils avaient appris ce calcul dans les temps qui précédèrent le déluge, et à l'époque où Dieu avait fait ce *luminare majus, ut præesset diei.* Un Dieu, infiniment sage, n'a pas pu donner aux hommes un tel régulateur, *ut præesset diei*, sans leur enseigner la manière de s'en servir, ainsi que des autres arts.

Quand M. *** aurait voulu prouver la nécessité d'adopter le temps vrai solaire, il ne s'y serait pas mieux pris, puisqu'il cite le sentiment unanime de tous les peuples, qu'ils en ont fait constamment usage par le moyen des cadrans solaires et des gnomons, sans en citer l'origine, et aucun de ces peuples n'a connu le temps moyen (1).

Le temps moyen ne peut être que d'une faible utilité pour les personnes du haut rang, dans notre société, parce qu'elles ont chez elles des horloges plus parfaites que celles des autres habitants; ce ne seront pas elles qui demanderont que les horloges publiques soient réglées sur ce temps, parce qu'elles sont instruites et peuvent obtenir facilement la connaissance du temps vrai par les tables d'équation qu'elles ont entre leurs mains. Mais il n'en est pas de même des pauvres, qui ignorent ce que c'est que *le pendule*, et encore davantage ce que c'est que *l'équation* de l'horloge; qui cependant sont assujettis à l'heure pour remplir les devoirs de leur état, et ont besoin de la connaître. C'est pour les pauvres que les horloges publiques sont établies.

L'horloge de Saint-Romain, ayant passé à la visite et à l'examen de tout ce qu'il y a à Paris et ailleurs de plus connaisseur en horlogerie, et des corps savants, ainsi que

---

(1) Comme le dit M.*** lui-même, ces moyens étaient nécessaires pour régler les usages des clepsydres et des sablières, et suppléer suffisamment à celles à rouages qui sont aujourd'hui employées pour nous annoncer les heures du jour et de la nuit. Cependant il nous assure, d'après M. Falconnet, que le sacristain de l'abbaye de Cluny se relevait la nuit pour observer les astres, afin de réveiller les religieux pour l'heure de l'office; mais il ne nous dit point ce qu'il faisait dans les temps nébuleux, etc.

Je désirerais qu'il fût d'accord avec lui-même : puisqu'il y avait des clepsydres et des sablières, les premières étaient munies d'un réveil, du moins j'en ai vu de telles, dans des communautés de Rouen, qui sonnaient à l'heure indiquée. Cela suffisait pour dispenser le sacristain en question de passer une partie des nuits sans dormir, en toutes saisons, à moins qu'il ne nous dise que l'abbaye de Cluny n'était pas assez riche pour se procurer une clepsydre.

de la majorité des autorités de la ville de Rouen, ayant figuré à la grande exposition du Louvre, sous le nom de *méridien à style mobile*, où elle a fixé l'attention des plus augustes personnages de la France, qui en ont fait l'éloge, a mérité à M. Wagner, son auteur, une médaille d'argent (1).

Je ne dois pas omettre de citer le témoignage que lui a rendu l'académie royale des sciences, belles-lettres et arts de Rouen :

« C'est avec un véritable plaisir que l'académie a reçu » l'invitation que vous lui avez adressée pour l'engager à » prendre connaissance, par commission, de l'horloge des- » tinée à l'église de Saint-Romain. Elle s'est empressée » de se rendre à un vœu qui ne pouvait partir que d'un » esprit vraiment ami des arts et de leurs progrès.

» Elle a entendu avec intérêt le rapport qu'un de ses » membres a fait au sujet de votre horloge, et elle a appris » avec la satisfaction que ne peut manquer de lui faire » éprouver tout résultat annonçant le perfectionnement de » notre industrie, que cette horloge était d'une très-belle » exécution, et qu'elle présentait une application fort » ingénieuse du mécanisme qui constitue une horloge à » équation : aussi s'est-elle empressée d'entrer pour une » somme de..... dans la souscription que vous avez ouverte » pour le paiement de cette horloge. »

Je dois payer le même tribut de reconnaissance à MM. de la société d'Agriculture séant à Rouen, etc.

Une telle horloge, qui semble promettre une durée de plusieurs siècles, peut sans doute être proposée pour modèle. Placée dans une situation propre à dominer toute la

---

(1) Pour publier ces réflexions, j'ai attendu que le jugement qu'en a porté la commission de l'Institut fût publié ; mais le rapport n'est pas encore imprimé ; il va l'être incessamment. J'en donnerai connaissance par la voie du Journal de Rouen.

ville, elle servira, si on le juge convenable, à mettre d'accord les horloges publiques, surtout en l'absence du soleil (1). Il sera facile de la distinguer par la manière de sonner les quarts, qui sera différente de celle des autres. Cette différence empêchera qu'on y soit trompé, en la confondant avec les autres horloges, et bannira toute crainte de confusion. Tout le monde à Rouen sait qu'elle suivra le temps vrai solaire, et quand il y aurait à la ville un régulateur à temps *moyen*, ce serait un moyen certain de connaître tous les jours l'équation de l'horloge.

Les personnes qui ont souscrit pour l'établissement de cette horloge pourront se flatter d'avoir rendu un grand service à la ville de Rouen. Je les prie de recevoir l'hommage de ma reconnaissance pour la confiance dont elles m'ont honoré en se rendant à mon invitation.

L'administration de la fabrique de Saint-Romain y a aussi des droits; car, quoiqu'elle ne se soit engagée qu'à fournir une horloge ordinaire, elle a consenti que j'y ajoutasse ce qui était nécessaire pour la perfectionner et l'établir sur le système d'équation.

Tout sacrifice pour l'utilité publique, fait avec pureté d'intention, est une action louable et méritoire, que Dieu récompensera.

---

(1) Il suffira, à quelqu'heure que ce soit du jour ou de la nuit, de monter quelques minutes avant l'heure, ou même avant un des quarts, pour l'écouter sonner et y régler l'horloge (*a*).

(*a*) Il sera souvent aisé à ceux qui règlent les horloges publiques de les régler sur le soleil directement et sans intermédiaire. Sans sortir du clocher, il suffira d'y tracer des lignes qui marqueront les endroits où l'ombre du soleil paraît, en y marquant à chacune l'heure pour ne pas s'y tromper. Je suppose que ces marques ou lignes ne seront tracées que sur un regulateur ou une montre exactement réglés sur le méridien de la ville (au jardin de Saint-Ouen), seul reconnu aujourd'hui : alors, à quelqu'exposition et à quelqu'heure que ce soit, l'ombre du soleil ne manquera jamais de marquer la même heure; dans quelque saison que ce soit, à quelqu'élévation du soleil sur l'horizon, on sera certain d'être à l'heure du méridien solaire vrai.

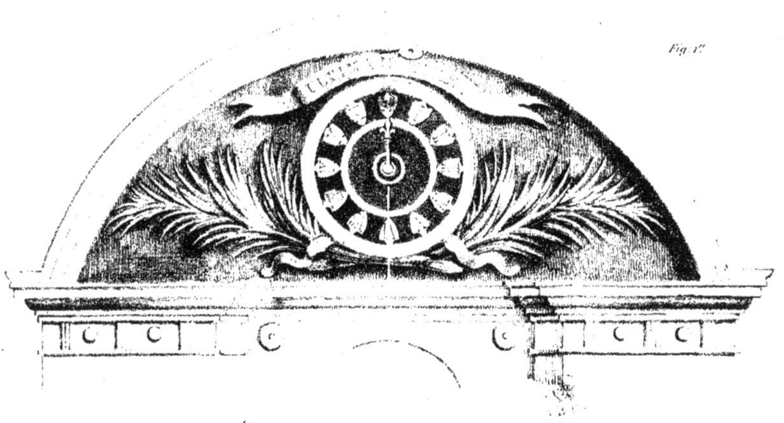

Fig. 3.

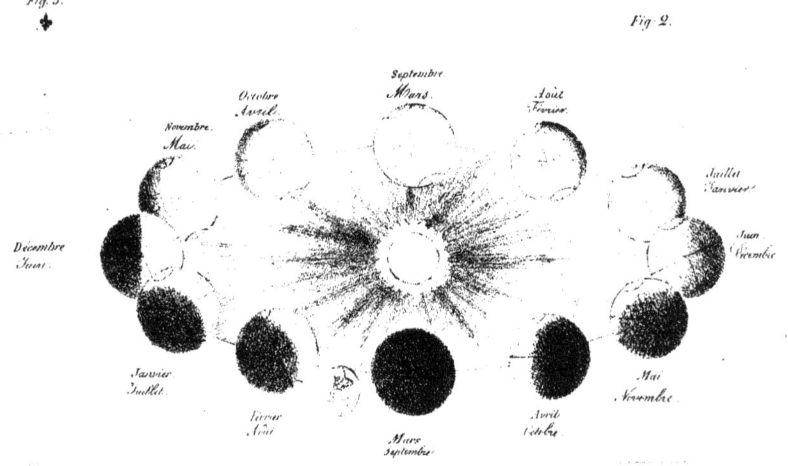

Lith. de N. Periaux, Rouen.

Il ne me reste plus qu'à souhaiter aux personnes dont je viens de faire mention qu'elles en jouissent pendant longtemps.

J'en ai dit assez pour convaincre toutes personnes qui, sans prévention, mettront à part ce qui peut leur convenir personnellement, et ne chercheront que l'utilité générale, de la nécessité de ne se servir, pour les horloges publiques, que du temps vrai solaire. Je leur ai mis devant les yeux les grands inconvénients qui résulteraient de l'emploi du temps moyen dans les usages civils, de l'isolement de la ville de Rouen sur ce point et des autres pays voisins, ainsi que de la France et de ses dépendances. Cette opinion est d'autant plus raisonnable, qu'elle ne change rien à nos anciennes habitudes : au contraire, elles les fortifie, et MM. les horlogers de la ville n'auront point à s'en plaindre, puisque c'est pour que les choses demeurent dans un parfait *statu quo*.

FIN.

www.ingramcontent.com/pod-product-compliance
Ingram Content Group UK Ltd.
Pitfield, Milton Keynes, MK11 3LW, UK
UKHW020443180726
13839UKWH00004B/1584